我们一起解决问题

人生"歪"理，"歪"得很有道理

多嘴鸭

著/绘

人民邮电出版社

北　京

图书在版编目（CIP）数据

人生"歪"理，"歪"得很有道理 / 多嘴鸭著绘.
北京 ： 人民邮电出版社, 2024. -- ISBN 978-7-115
-64941-6

Ⅰ. B821-49

中国国家版本馆CIP数据核字第2024EY6291号

内 容 提 要

本书以漫画和幽默且富有深意的语句，讲解了如何通过真正的努力，不受他人影响，接纳自己，成长为自己想要的样子；如何排解负面情绪，珍惜身边的美好，保持快乐的心情；如何在人际交往中不讨好、不迎合，找到适合自己的朋友与爱人；如何在面对平凡甚至枯燥的生活时，仍然把日子过得有滋有味；如何看懂上班这件事，学会应对工作中的种种压力。书中所讲的道理，看起来与我们的惯性思维有些不同，但却句句切中实际、让人备受启发。

本书适合感到缺乏成长动力，上班没有目标，受困于乏味的生活和消耗性的人际关系的年轻人阅读。

◆ 著 ／ 绘　　多嘴鸭
　　责任编辑　　王飞龙
　　责任印制　　彭志环

◆ 人民邮电出版社出版发行　　北京市丰台区成寿寺路 11 号
　　邮编 100164　　电子邮件 315@ptpress.com.cn
　　网址 https://www.ptpress.com.cn
　　涿州市般润文化传播有限公司印刷

◆ 开本：787×1092　1/32

　　印张：6.5　　　　　　　　　　　2024 年 8 月第 1 版
　　字数：100 千字　　　　　　　　2025 年 9 月河北第 7 次印刷

定　价：45.00 元

读者服务热线：（010）81055656　印装质量热线：（010）81055316
反盗版热线：（010）81055315

目录

第四章　生活状态——生活奇奇怪怪，你要可可爱爱

第五章　工作——上班，下班

第一章

成长——

成为自己想要的样子

·
·
·

我不知道，

拾起这本小册的你，

是否跟我一样，

有一颗追求安稳的心，

又时刻做着不切实际的梦；

明明被生活锤打得遍体鳞伤，

还在倔强地说无怨无悔；

心里藏着苦，

眼里含着泪，

嘴角还要保持微笑。

在不停地跌跌撞撞、推推搡搡间，

一步步地跨出人群，走向远方，

慌乱间捋捋刘海，扶扶眼镜，

已经是人烟稀少的广阔田野，

反而豁然开朗。

你开始关注自己眼前的路，

耳边不再有人潮拥挤与七嘴八舌。

于是终于静下心来，倾听自己内在的声音，

追求内心真正的渴望，

这是一场深邃而精彩的心灵旅程。

在这漫长的征途中，

我们坚持着，我们突破着，

我们批判着，我们追寻着。

最终，

我们成为了自己想要的样子，

闪耀出独特的光芒。

1.1

做真正的努力

努力，不是给世界看的，
而是为了去看世界。

其实你稍微再努力一点，
瞬间就超过了70%的人。

明天的你，一定会感谢
今天努力的自己。

读书，世界就在眼前，
不读书，眼前就是世界。

心怀期待，对每一件热爱的事物
都全力以赴。

等风来，不如追风去。

最好的状态，
是未来可期。

我只是来体验生命的，
我不需要去证明什么，
更没有什么事是一定要实现的。
我来到这个世间，
只是为了看花怎么开、水怎么流。

1.2

做一朵善良
自信的小花

把善良的种子
种在心里。

做无名小花，
做快乐小狗。

你不一定非要长成玫瑰，
人生没有标准，做自己就好。

你是一朵非凡的花，

请自由自在地开放，

纵使全世界都想让你成为玫瑰，

但我依然希望你做最自信的自己。

1.3

永远自由做自己

小众的爱好，
不用在乎大众的眼光。

与其在别人伞下将就，
不如自己在雨里奔跑。

永远自由如风，
永远为自己着迷。

只要不关注任何人的动态，
不揣测任何个人的想法，
不去设想一些没发生的事情，
简单一点、钝一点、慢一点，
你会发现你过得很自在。

别听世俗的耳语，
去看自己喜欢的风景。

人生是流淌的交响乐，
我才是指挥家。

面对一团乱麻的
生活，不要停止
微笑

成长就是把一团乱麻
整理得井井有条的过程。

当遇到过不去的坎时，
请回头看看已经过去的坎。

当你累了时，要学会休息，
而不是放弃。

人生的痛苦，无非就是：
想不出，做不到，
拿不起，放不下。

想不开都是事，
想开了也就那回事。

大胆一点儿，
成功，就是勇敢地
拥抱"人生第一次"。

你那么多优点，
不必盯着这一个缺点。

你若简单，生活就是童话；
你若复杂，生活就是迷宫。

人生海洋，
何必在意一时的沉浮。

学会沉住气，越是艰难处，
越是修心时。

不要停止微笑，
期待每一个明天。

活在这珍贵的人间，
阳光热烈，
水波温柔。

1.5

出走一生，始终
温暖有光

小学一走就是一天。

初中一走就是一周。

高中一走就是一个月。

大学一走就是一学期。

打工一走就是一年。

你未必光芒万丈，
但始终温暖有光。

第二章

情绪——

首先要快乐，其次都是其次

一本书、一部电影，

或是一个明媚的清晨，

拥有快乐能力的人，懂得发现生活的美好，

珍惜那些微小而确定的幸福。

2.1

别太伤心，
没法走医保

别垂头丧气，显矮。

别太伤心，
没法走医保。

没有伞能挡住心里的雨。

喜悲都要过，
何必不快乐？

天会晴，雨会停，
没有什么过不去。

解不开的心结，
就把它系成蝴蝶结。

53

不开心时，做个深呼吸，
不过是糟糕的一天而已，
又不是糟糕一辈子。

一想到或许
我也能像幼芽一样，
淋场雨就能长大，
心情马上就变好了。

好好吃饭，好好睡觉，
只要活着，就不算是坏结局。
我们尚在途中，今后仍要继续。

2.2

心态好的人，
会一路顺风

凡事都要全力以赴，
包括开心。

首先要快乐，
其次都是其次。

偶尔不开心的时候，
就当快乐正在加载。

画画也是一种享受，
美了眼，醉了心。

情绪就像洗澡水，
最后都会流走。

忍让、控制情绪并不是
软弱可欺，而是一种大气与远见。

保持快乐，是让自己生活
幸福的最大秘诀。

心态好的人，会一路顺风。

2.3

没病没实，隔三岔五能吃顿好的，就已经很幸福了

人生苦短，
何不多吃一碗？

为了不被别人看扁，
我尽力把自己吃得圆溜溜的。

开心这种事，
自己买单比较容易实现。

没病没灾，隔三岔五能吃顿好的；

偶尔还能睡到自然醒；

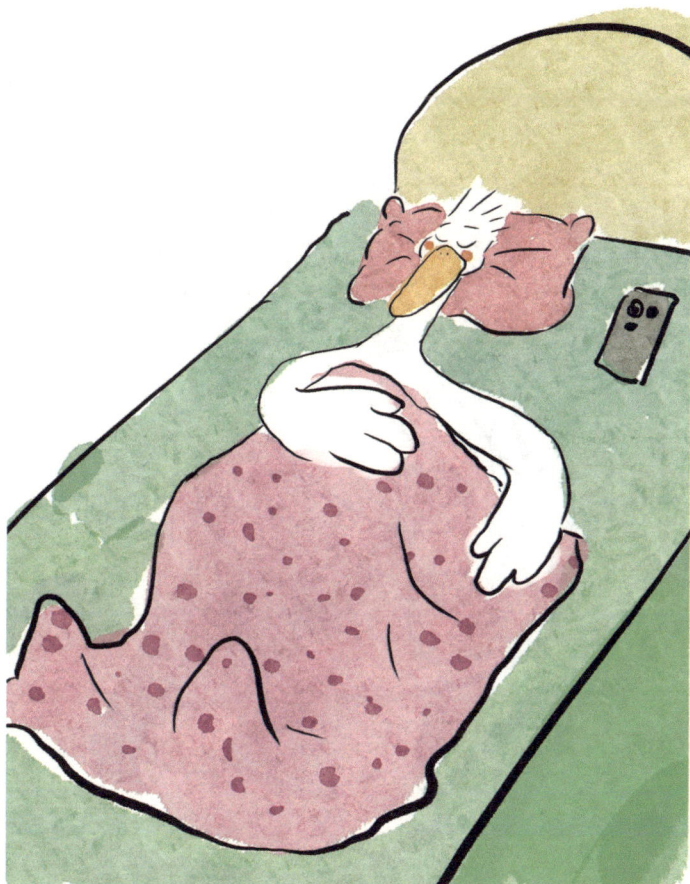

其实，你已经很幸福啦。

要是还能家庭和睦、
有三五好友，那更是天赐的福气。

让每一天都有机会

成为你人生中最美好的一天。

2.4

这心血来潮的
快乐，一定要
狠狠抓住啊

周末晚上打算洗个澡，
准备好各种零食，然后看一部电影，
但当真正坐在电视机前开始看时，
却完全提不起兴趣了。

有时候突然想吃一个好吃的，
等准备好了，就没那么想吃了。

工作日想着周末去草坪上野餐，
终于熬到周末了，却只想瘫在家里。

你的意思是，
想做的事要立刻去做？

现在就去！　对，一起去看日落吧。

第三章

交往——

别让关系消耗我们

在复杂的人际网络中，

我们寻找共鸣与理解，

建立舒适长远的亲密关系。

好的关系，是心灵的滋养，

它让我们更加温暖、更加善良。

在彼此的关爱中，我们学会珍惜；

在相互的支持中，我们变得更好。

◇
◆◇

3.1

多嘴是病，
少说是药

多嘴是病，
少说是药。

说人是非者，
已是是非人。

多喝咖啡，少谈是非。

学会闭嘴，
别把关系越处越烂。

世间最美好的养生：
善忘、少怨、不比。

3.2

不讨好，不迎合

失去是相互的，别人都不怕，
你怕什么？

你越是放松，
结果往往越好。

与其埋怨自己，
不如埋了怨气。

不求合群，学会独处。

与其经营同事关系，
不如经营自己。

我明白了，没爱可以，
没棉袄真不行。

不讨好，
不迎合，
只做自己。

人际交往的边界感，
不是自私自利、冷漠无情，
而是给自己一个原则与界线，
去拒绝让你感到不舒服的、
本属于他人的课题。

3.3

只跟搭调的人
在一起

妈妈说不要跟
不三不四的人一起玩，
所以我一直跟
很二的朋友一起玩。

我不喜欢社交，
但是我需要有人听我讲废话。

要和志趣相投的人同行。

人这一辈子，要和舒服的人
在一起，包括朋友和亲人。

愿得一人心，
免得老相亲。

最好的关系是，有幸遇见，
恰好合拍。

三生三幸，
这辈子很短，希望开头是你，
结尾是你，余生都是你。

人生漫长，唯有两件事需要选择，
一条路和一个人。

路：叫方向。

人：叫认定。

晚霞写了一首温柔的诗，
红着脸读给你听。

第四章

生活状态——

生活奇奇怪怪，你要可可爱爱

生活就像一部荒诞不经的戏剧。

在不同的舞台上，每天上演着各种奇怪的剧情。

生活，从来不缺舞台，

我们每一个人，都是这部戏中的主角。

生活奇奇怪怪，

你要可可爱爱，

用乐观积极的心态，

面对不确定的未来。

4.1

如果事与愿违，
请相信一定是
另有安排

万事开头难、
中间难、
结局更难。

成年人的生活
除了容易胖、容易穷、
容易秃，其他都不容易。

可以回头看，
但不能回头走，
因为逆行是全责。

冻得我瑟瑟发抖的时候，
没有一片雪花是无辜的。

你总说自己一无所有，
可每次搬家，一车都放不下。

经常被自己蠢哭，
却又不舍得揍自己。

一屁股债，
让屁股还。

如果事与愿违，
请相信一定是另有安排，
所有的失去，
都将以另一种方式归来。

4.2

生活不易，
但你有N种方法
可以自由自在

生活是场消耗，
而读书是种补给。

只要有快递在路上，
这日子就有盼头。

一抛一扬，散尽万千烦恼；
一放一收，收获快乐心情。

有时候，疾风起时，
也想随风而去。

周末就是将生活
调成自己喜欢的频道。

早起真的可以做很多事，
比如睡个回笼觉。

生活原本沉闷，
但跑起来就有风。

随心所欲的生活，
说不定更顺风顺水。

将生活嚼得有滋有味，把日子过得
活色生香，往往靠的不只是嘴，
还要有一颗浸透人间烟火的心。

4.3

你若热爱，
生活哪里都可爱

生活普普通通，
我们乐在其中。

你若热爱，
生活哪里都可爱。

阳光很好，温暖到让你
觉得一生的时间太漫长。

风停在窗边，
嘱咐你，
要热爱
这个世界。

乐观和热爱
才是生活的解药。

生活要像平衡车，
进退自如。

生活简单就幸福，
人心简单就迷人。

错过了落日余晖，
还可以静待满天繁星。

也许夏天一无所获，
但在秋天，你还可以收获落叶。

人生无非：

"抬头观星，低头观心。"

心忧柴米油盐，

不忘仰望星空。

没有任何一朵花一开始就是"花"，
我们要静静等待它的灿烂绽放！

生活不是为了赶路，
而是为了感受
行路的过程。

4.4

想也想不通，
不如出门吹吹风

想也想不通，
不如出门吹吹风。

旅行，
是对平淡生活的一次"越狱"。

收拾行李，就像是盘点入库，
一点也不能疏忽！

检查轮胎，加满油箱，
把行李和一颗说走就走的心
通通扔进后备箱，出发……

幸福的大道上经常堵车，
因为赶路的人太多。
堵车别堵心，
笑一笑，换个心情看风景。

在路上，不为旅行，
只为在未知的途中遇见未知的自己。

4.5

丰富自己的
8个好习惯

低谷时沉淀。

独处时自省。

迷茫时读书。

低落时，出门走走。

烦躁时，整理房间。

纠结时，好好睡觉。

郁闷时，放空自己。

焦虑时，立即行动。

请允许一切发生。

重新定义自己的
生活方式

以后不要叫我宅女，
请叫我"闭家锁"。

不要叫我八卦党，
请叫我信息情报员。

不要叫我穷人，
请叫我价格敏感型消费者。

不要叫我打工人，
请叫我为事业冲锋的勇士。

不要叫我吃货，
请叫我纯天然肥料制造商。

生活奇奇怪怪，
你要可可爱爱。

第五章

工作——

上班，下班

上班与下班，

在生活与工作间，我们不断寻求平衡。

在忙碌中保持活力，

追寻内心的宁静与满足。

上班与下班，

是时间与资源管理的艺术。

在休闲与公务中，不断重组规划。

上班的苦，谁懂啊

不成熟的项目就像香蕉，
放一放就黄了。

什么叫万死不辞？
就是每天被骂一万次，
依然不辞职。

工作中最大的累，
从来不是工作本身，
而是不得不与身边的各种人和事周旋。

早知道人间有要上班这件事，
我就不应该下凡。

上班一天，耗尽了我所有精气神，
回家只剩下一具残破的躯壳。

人生最好的及时止损方式
是按时下班。

下班了，心情不烦了，
头也不疼了，腰也不酸了。

不想上班，
但又不想没有工资。

人生三大幻想：今天一定要早睡，
从明天开始，再买就把手剁了。

钱包里面总有一股洋葱味，
一打开就忍不住流泪。

别人是情不知所起，

我是钱不知所去。

明明可以靠颜值，偏偏要工作。
我不知道"明明"是谁，
反正我是"偏偏"。

忙碌是一种幸福，
让我们没时间体会痛苦。

工资什么的不重要，
主要就是爱上班。

生活，生活，
生下来就要干"活"。

钱没了可以再挣，
工作没了可以再找。

5.2

吃不完的瓜，
摸不完的鱼

朋友发的瓜，

同事甩的锅，

老板画的饼，

自己摸的鱼，

吃不完，
根本吃不完。

hua zi studio

5.3

工作，即修行

一次性把事情做好，
才是偷懒的最好方式。

大部分人都在秀努力，你要秀能力。

遇到问题别抱怨，
　　去解决。

请一边努力、
一边快乐。

午休是为了给自己一个
重新开机的机会。

工作，即修行。

后记

　　当这本书的最后一页缓缓合上，我的内心充满了感慨与感激。我想借此机会，向所有在我创作过程中给予支持、陪伴我一路走来的朋友表达我最深的感谢。

　　首先，我要特别感谢王爱爱和周璇同学，是你们的日常鞭策和无私支持，让我在创作过程中始终保持着饱满的热情和不懈的动力。同时，也要感谢冯永强、王小倩、高利君、温雷霆、蒋抒洋、于海涛博士、王斌博士、刘新博士等朋友，你们在版权申请、宣传策划和内容建议等方面的鼎力相助，让我备感温暖和鼓舞。

　　此外，我要向张之益老师、杨一平老师等学术前辈表达我由衷的敬意和感谢。你们的严谨治学、博学多才和无私指导，让我在撰写这本书的过程中受益匪浅，也为我指明了前行的方向。

在创作这本书的过程中，我试图以一种不一样的、幽默的方式去解读人生的真谛，用"歪"理去揭示那些被传统思维所忽略的深刻道理。这些"歪"理并非真的扭曲事实或违背逻辑，而是从另一个角度去看待生活，希望读者能在其中发现不一样的智慧和感悟。

通过这本书，我希望能够带给读者一种全新的视角和思考方式。当我们面对生活的种种挑战和困境时，不妨换一个角度去思考问题，也许就能找到新的解决之道。同时，我也希望读者能够保持一个开放和包容的心态，去接纳那些看似"歪"理的观点和想法。因为在这个多元化的世界中，正是这些不同的声音和观点，构成了我们丰富多彩的人生。

最后，我要感谢所有读者对这本书的关注和支持，是你们的关注让我有了持续创作的动力，是你们的支持让我有信心将更多有趣、有深度的内容呈现给大家。在未来的日子里，我将继续努力，用更多"歪"理去解读人生，与大家分享更多的智慧和感悟。

再次感谢所有支持我的人，愿我们都能在人生的道路上，保持一颗好奇和热爱的心，去发现更多的美好和可能。